Le petit livre du
Six Sigma

Prodinnova

© Prodinnova, 2007
ISBN : 978-2-917260-00-5

Le petit livre du
Six Sigma

SOMMAIRE

Chapitre 1: INTRODUCTION

1.   Historique du Six Sigma

Les principes du Six Sigma ont pour origine l'entreprise Motorola au début des années 80 quand cette dernière était en perte de vitesse face à des concurrents étrangers, et notamment japonais, qui étaient capables de livrer des produits de meilleure qualité à moindres coûts.

Quand une entreprise japonaise reprit une usine américaine de Motorola qui produisait des téléviseurs (commercialisés sous la marque Quasar) au cours des années 70, des changements radicaux furent apportés aux opérations de l'usine. Sous la nouvelle direction japonaise, l'usine fut rapidement capable de produire des téléviseurs avec un taux de défauts vingt fois moindre que sous l'ancienne direction, et ce avec les mêmes opérateurs, les mêmes technologies et les mêmes machines démontrant clairement que le problème était la direction et la gestion de l'usine.

Face à l'embarras, et vers le début des années 80, Motorola décida de prendre très au sérieux le problème de la qualité. Bob Galvin, son directeur général de l'époque, lança l'entreprise dans un programme rigoureux de qualité connu sous le nom de Six Sigma. Les résultats du programme furent très concrets et l'entreprise obtint en 1988 le Malcolm Baldrige National Quality Award, le plus prestigieux prix de qualité aux États-Unis.

Aujourd'hui, Motorola est reconnu comme un leader mondial en terme de qualité et le Six Sigma (la clé de son succès) se diffusa vers les autres entreprises comme General Electric, Bombardier, Allied Signal et Xerox.

2.   Différences par rapport aux programmes classiques de qualité

Avec la démarche Six Sigma, la qualité n'est pas vue uniquement en termes de pièces ou de produits défectueux à la sortie d'une chaîne de production.

La qualité est prise dans des termes plus généraux qui sont la maximisation de la valeur aux parties prenantes de l'entreprise. Ainsi, par exemple, la livraison d'un lot au client en retard par rapport au délai promis constitue un défaut. Le non-respect d'un coût de production constitue un défaut, et ainsi de suite...

L'autre avantage important du Six Sigma est que l'approche transforme la nature chaotique des variations en des problèmes clairs de "oui ou non": ou bien le produit répond aux besoins du client ou bien non. Ou bien le temps de satisfaction d'une commande est inférieur au temps imparti ou bien non, ou bien le coût est acceptable par le client ou bien non.

Toute sortie d'un processus doit satisfaire les requis du client du processus en question et si ce n'est pas le cas, la sortie est considérée comme défectueuse : Un café servi avec sucre dans une cafétéria alors que le client l'a demandé sans sucre est un défaut. Une voiture qui est livrée avec une couleur différente de celle qui a été commandée par le client est un défaut. La même voiture livrée avec la bonne couleur, mais avec deux semaines de retard, est un défaut.

Enfin, une autre différence du Six Sigma par rapport aux autres techniques comme les cercles de qualité et les TQM est le fait que la méthode pousse les objectifs d'amélioration très loin, encore plus loin que ne l'a fait aucune autre technique d'amélioration de la qualité (voir "Bases Mathématiques du Six Sigma").

3.   Principes du Six Sigma

3.1   Capacité de processus

Tout processus industriel est caractérisé par deux variables. La première est la moyenne de ses sorties, la seconde est la variance de ses sorties. Cette moyenne et cette variance sont celles des caractéristiques pertinentes (temps, dimensions, coûts…) des produits en sortie du processus.

À ces deux variables qui sont internes et propres au processus, s'ajoute trois autres paramètres qui sont cette fois-ci externes et imposés sur le processus. Ces paramètres dérivent les besoins des clients du processus et sont les suivants:

- **Les spécifications cibles :** Ce sont les spécifications du produit telles que conçues par l"entreprise à partir des besoins du client. Idéalement, un produit doit être créé conformément à ses spécifications. Cependant, comme il est impossible d'avoir des processus prédictibles à 100 % et qui produisent des sorties entièrement conformes aux spécifications cibles, le client accepte que le produit soit dans un intervalle de tolérance autour des spécifications cibles.

- **L'Upper Specifications Limit (USL):** détermine la limite supérieure de la tolérance.

- **Le Lower Specifications Limit (LSL):** détermine la limite inférieure de la tolérance.

Ces deux limites permettent de déterminer si un produit est considéré comme défectueux ou acceptable. Tout produit dont les mesures sont dans la fourchette [LSL, USL] est considéré comme acceptable même si ses mesures sont différentes des spécifications cibles. Tout produit dont les mesures sont en dehors de la fourchette [LSL, USL] est considéré comme défectueux.

Un processus dont la moyenne est égale aux spécifications cibles est dit processus centré.

La figure suivante montre quelques exemples de processus :

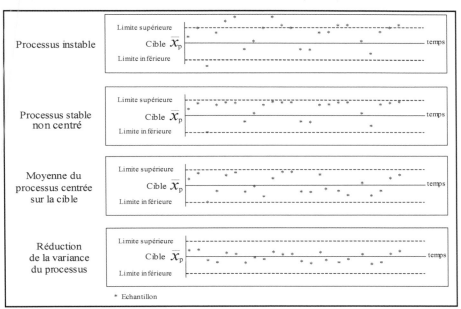

Exemples de processus avec différentes caractéristiques

- Le premier diagramme de la figure montre un processus instable qui ne peut rester dans les limites de tolérance.

- Le deuxième diagramme montre un processus stable qui reste dans les limites de la tolérance mais qui n'est pas centré sur la moyenne cible.

- Le troisième diagramme montre un processus stable et centré, mais dont la variance reste relativement grande.

- Le dernier diagramme montre un processus stable, centré avec une variance très réduite autour de la moyenne cible.

3.2   Bases mathématiques du Six Sigma

En statistique, le sigma est un paramètre qui permet de mesurer la variabilité des sorties d'un processus. Le nombre de Sigma d'un processus donné donne le pourcentage de produits dont les mesures sont à l'intérieur de l'intervalle de tolérance [LSL, USL]. Le tableau suivant montre les correspondances entre un nombre donné de Sigma et le taux de défauts produits par un processus.

Important : Lorsqu'on calcule le nombre de Sigma correspondant à un taux de 3,4 défauts par million d'un point de vue mathématique, on trouve curieusement 4,5 Sigma et non 6 Sigma. De même, lorsqu'on calcule le taux de défauts correspondant mathématiquement à 6 Sigma, on trouve un taux égal à un défaut par milliard et non 3,4 défauts par million.

La justification de cela vient du fait que lorsque Motorola a conçu le système, les instruments de mesure de l'époque (qui permettent de déterminer si la sortie d'un processus est défectueuse ou non) n'étaient pas suffisamment précis et fiables. Du coup, on se retrouve dans des situations où l'instrument indique un produit défectueux, alors que le produit est en réalité acceptable. Par contre, comme il était plus important pour l'entreprise d'empêcher des produits défectueux de trouver leur chemin vers le client final que de jeter de produits acceptables, les instruments de mesure ont été conçus pour ne jamais indiquer qu'un produit est acceptable alors que le produit est en réalité défectueux. En conséquence, le nombre de sigma mesuré est en réalité inférieur au nombre de sigma réel (le taux de défauts mesuré est inférieur au taux de défauts réel). On estime que l'on est déjà au niveau 6 Sigma dès que le taux de Sigma mesuré est de 4,5 Sigma.

Sigma	Taux des pièces sans défauts	Nombre de pièces défectueuses par million
0	6,68%	933193
0,125	8,46%	915434
0,25	10,56%	894350
0,375	13,03%	869705
0,5	15,87%	841345
0,625	19,08%	809213
0,75	22,66%	773373
0,875	26,60%	734015
1	30,85%	691462
1,125	35,38%	646170
1,25	40,13%	598706
1,375	45,03%	549738
1,5	50,00%	500000
1,625	54,97%	450262
1,75	59,87%	401294
1,875	64,62%	353830
2	69,15%	308538
2,125	73,40%	265985
2,25	77,34%	226627
2,375	80,92%	190787
2,5	84,13%	158655
2,625	86,97%	130295
2,75	89,44%	105650
2,875	91,54%	84566
3	93,32%	66807
3,125	94,79%	52081
3,25	95,99%	40059
3,375	96,96%	30396
3,5	97,72%	22750
3,625	98,32%	16793
3,75	98,78%	12224
3,875	99,12%	8774
4	99,38%	6210
4,125	99,57%	4332
4,25	99,70%	2980
4,375	99,80%	2020
4,5	99,87%	1350
4,625	99,91%	889
4,75	99,94%	577
4,875	99,96%	369
5	99,98%	233
5,125	99,986%	145
5,25	99,991%	88,4
5,375	99,995%	53,3
5,5	99,997%	31,7
5,625	99,9981%	18,5
5,75	99,99893%	10,7
5,875	99,99939%	6,1
6	99,99966%	3,4

Table de correspondances (Nombre de sigma et taux de défauts correspondant)

Dans la plupart des entreprises, un processus produit en moyenne 6000 pièces défectueuses par million de pièces produites, ce qui correspond à un niveau aux alentours de 4 Sigma. Quand il s'agit de passer au Six Sigma, le taux moyen des sorties défectueuses passe à un niveau spectaculaire de 3,4 défauts par million de sorties produites (voir la table de correspondances précédente).

3.3 Exemple de calcul du nombre de Sigma

Supposons que le département de comptabilité facture les clients une fois que les produits ont été livrés et réceptionnés par les clients en question. Chaque fois, qu'une facture a été envoyée, le temps nécessaire pour sa préparation et son envoie est enregistré. Le tableau suivant montre un échantillon de 30 factures et les temps de préparation correspondants.

Client	Temps	Client	Temps	Client	Temps
1	21,5	11	20	21	16
2	10,5	12	8,5	22	12,5
3	15	13	15	23	15
4	12,5	14	16	24	14
5	17,5	15	13,5	25	18,5
6	12	16	15	26	16
7	15	17	21,5	27	13,5
8	16,5	18	14,5	28	12
9	16	19	9	29	15,5
10	13,5	20	15	30	19

Temps requis pour la préparation et l'envoie de la facture pour chaque client

Le calcul de la moyenne et de l'écart-type de cet échantillon donne :

- Une moyenne de 15 jours.

- Un écart-type de 3,14 jours.

Supposons, maintenant, que les clients exigent de recevoir leurs factures dans un délai inférieur (ou égal) à vingt jours. Si le processus de facturation opérait à un niveau de qualité de Six Sigma, il y aurait en moyenne 3,4 factures traitées avec un délai plus de 20 jours par million de factures. Or, déjà avec un échantillon de trente factures, le nombre de défauts est égal à deux (clients 1 et 17). Il est peu probable que le processus sous-jacent soit Six Sigma.

En utilisant la moyenne et l'écart-type calculés précédemment, on obtient pour ce processus de facturation, un taux de sigma de 2,5. C'est de là que la démarche d'amélioration peut commencer.

Attention : La table de correspondance précédente (donnant pour chaque nombre de sigma le taux de défauts correspondant) ne s'applique que lorsque l'échantillon utilisé est suffisamment significatif.

Certaines entreprises ont choisi de se référer à leurs démarches Six Sigma avec des noms propres à elles. Par exemple, Allied Signal réfère au Six Sigma sous le nom de "Excellence Opérationnelle". Northrupp Grumman appelle la même approche le 10X (un système fonctionnant à des niveaux de qualité de 10X produirait un défaut par un million de pièces produites).

3.4   Quelle est la différence en pratique entre un niveau trois sigma et un niveau six sigma en terme de qualité ?

Avec une première approximation, un niveau de qualité de trois sigma est équivalent à 1,5 erreurs d'orthographe par page d'un ouvrage comme celui-ci. Un niveau six sigma est équivalent à une seule erreur d'orthographe dans tout les ouvrages d'une petite librairie. La différence est donc énorme. Cette différence provient de la relation non linéaire entre les niveaux des sigmas et les taux de défauts.

Niveau de sigma	Surface	Orthographe	Temps	Distance
1	La superficie de l'Astrodôme	170 erreurs par page dans un livre	313/4 années par siècle	De la terre à la lune
2	La superficie d'un grand supermarché	25 erreurs par page dans un livre	41/2 années par siècle	1,5 fois le tour de la terre
3	La superficie d'un petit magasin d'équipement	1,5 erreurs par page dans un livre	31/2 mois par siècle	La traversée des US d'une cote à l'autre
4	La superficie d'une chambre typique	1 erreur par 30 pages (chapitre typique d'un livre)	2,5 jours par siècle	45 minutes de conduite sur l'autoroute
5	La taille d'une touche d'un téléphone	1 erreur dans l'ensemble d'une encyclopédie	30 minutes par siècle	Un tour à la station essence du coin
6	La taille typique d'un diamant	1 erreur dans l'ensemble de tout les livres d'une petite librairie	6 seconds par siècle	4 pas de marche
7	Le chat d'une aiguille	1 erreur pour l'ensemble des livres de plusieurs grandes librairies	Un clin d'oeil par siècle	Un pouce

Adapté à partir de Taxas Instruments, 1992.

Equivalents des nombres de sigmas

4. Exemples de profits réalisés en adoptant le Six Sigma

Les profits qui peuvent être réalisés en utilisant le six sigma sont multiples: Amélioration de la qualité et de la satisfaction client, augmentation des parts de marché, réduction des coûts, réduction des cycles de production et de développement produit, réduction des incidents, implication des employés... Ces profits peuvent être traduits en des résultats financiers, en voici quelques exemples reportés par des multinationales ayant initiées des démarches Six Sigma:

- Ford estime les économies réalisées suite aux projets Six Sigma à 52 millions de dollars en 2000. Les projections pour les deux années 2001 et 2002 sont de 200 millions de dollars d'économies.

- Honeywell estime les économies réalisées grâce aux projets Six Sigma à 2,2 milliards de dollars : 500 Millions en 1998, plus de 600 millions en 1999, et un chiffre équivalent en 2000.

- DuPont estime que suite aux projets d'amélioration Six Sigma lancés en 2000, les bénéfices résultants estimés seront de 700 millions de dollars.

- Toshiba estime les économies réalisées grâce au Six Sigma à 131,7 milliards de yens en 2000. Les projections d'économies sont estimées à 210 milliards de yens en 2003.

5.   Principes de mise en place

La démarche Six Sigma est appliquée au sein d'un modèle d'amélioration de performance simple connu sous le nom de DMAAC, ou Définir- Mesurer- Analyser- Améliorer- Contrôler.

Les étapes de la démarche DMAAC peuvent être résumées comme suit :

1. **Définir** les problèmes rencontrés et les objectifs de l'amélioration. Aux niveaux supérieurs, les objectifs sont de nature stratégique et globale, comme un ROI plus élevé ou des parts de marché plus grandes. Au plan opérationnel, les objectifs sont plus concrets, comme l'augmentation des performances d'un département. Au plan projet, les objectifs peuvent être la réduction des taux de défauts, la réduction des cycles de production. D'autre part, les requis des clients des processus sous-jacent ainsi que les contraintes externes imposées sur la démarche d'amélioration sont considérées.

   Outils : Utilisation de l'analyse comparative des données pour identifier les opportunités d'amélioration.

2. **Mesurer :** Cela va de la mesure des unités défectueuses sortant d'une ligne d'assemblage, au temps nécessaire pour réparer les produits retournés, jusqu'à la rapidité de réponse aux commandes des clients. En résumé, toute variable mesurable qui peut affecter la qualité est mesurée.

   Outils : Utilisation des techniques de mesure et d'analyse des données.

3. **Analyser :** L'analyse permet de déterminer les objectifs de performance pour une opération. Cela est possible en examinant les conditions qui permettent de rendre les sorties d'une opération optimales d'un côté et en essayant de rendre ces conditions routinières de l'autre côté. Dans la terminologie Six Sigma, ces conditions sont mesurées par des paramètres dits « critiques à la qualité » (CTQs) et le poids de chaque variable est mesuré dans les sorties de l'opération sous-jacente.

   Outils : Utilisation des techniques d'analyse statistique.

4. **Améliorer :** L'amélioration passe par une révision des anciens processus et procédures. Par exemple, lorsque les variations d'un processus de production ne peuvent permettre d'atteindre le Six Sigma et ne sont donc pas acceptables, alors il faut modifier le processus en question même si cela implique des changements radicaux dans les équipements et l'organisation. C'est l'un des impératifs du Six Sigma.

   Outils : Utilisation des outils de gestion de projet et autres outils de planification.

5. **Contrôler :** Le but de cette étape est le contrôle et la supervision des processus améliorés afin d'assurer que les hauts niveaux de qualité soient maintenus sur le long terme. Cela peut être fait par le développement d'indicateurs de suivi de la performance en temps réel qui permettent une meilleure réaction en cas de perturbations. D'autre part, les systèmes annexes tels que ceux d'intéressement et de compensation, les MRPs et autres systèmes de gestion sont modifiés afin d'institutionnaliser le système amélioré.

   Outils : Utilisation des outils de suivi de performance et d'alerte. Tableaux de bord.

6. Différence entre un projet six sigma et le travail quotidien d'un ingénieur de qualité

Lors de leur travail, les ingénieurs qualité sont amenés à résoudre des problèmes de qualité et à faire des améliorations du système, mais cela ne peut rentrer dans une démarche Six Sigma. Six Sigma cherche à résoudre des problèmes pour lesquels les ressources humaines disponibles ne sauraient suffire. C'est uniquement quand les démarches de résolution classique par les ingénieurs de qualité échouent après trois ou quatre tentatives de résolution, que l'on conclut qu'une solution plus radicale est nécessaire, ce qui rentre idéalement dans un projet du type Six Sigma.

Chapitre 2: PHASE DE DEFINITION

Ce chapitre décrit l'étape de définition de la démarche DMAAC (Définition - Mesure - Analyse -Amélioration – Contrôle) d'un projet Six Sigma. Cette première étape tourne autour des trois points suivants :

1. Organisation et structuration du projet et de l'équipe.

2. Identification des requis des clients et des processus.

3. Définition sommaire du processus sous-jacent.

1.   L'organisation et la structuration d'un Projet Six Sigma

Le premier point dans l'étape de définition est la création d'une structure d'équipe pour le projet Six Sigma. Cela consiste à définir les points suivants:

1. Le cas.

2. La description du problème/opportunité et de l'objectif du projet.

3. La définition de l'étendue, des contraintes et des hypothèses du projet.

4. L'affectation des membres de l'équipe.

5. L'élaboration d'un plan initial.

6. L'identification des parties prenantes du projet.

1. **Définition du cas :** Le cas pour le projet doit venir du commanditaire de ce dernier qui voit les implications du problème sur un niveau stratégique pour l'entreprise. Le cas doit fournir une définition large du problème sous-jacent et les raisons justifiant le projet du point de vue coût/ retour sur investissement.

2. **Description du problème/opportunité et de l'objectif du projet :** La description du problème consiste en une ou deux phrases décrivant les symptômes du problème sous-jacent.

   Exemple : Les ventes de notre produit principal ont baissé de X % depuis le début de l'année réduisant d'une manière significative les profits.

   La description du problème doit répondre aux questions suivantes :

   - Ce qui ne va pas.

   - Quand est apparu le problème.

   - La gravité et l'amplitude du problème.

   - Les impacts du problème sur les opérations et la santé financière de l'entreprise.

   La description de l'opportunité s'intéresse à ce qui est attendu de l'équipe Six Sigma. La description de l'objectif doit inclure trois éléments :

   - Une description de ce qui doit être atteint dans le cadre du projet Six Sigma. Exemple : Réduire le taux de défauts de l'usine produisant le produit X.

   - Une cible mesurant ce qui doit être atteint : L'objectif du projet Six Sigma doit être mesurable par des cibles quantitatives en terme, par exemple, d'économies financières, de réductions de cycles de production...

   - Une date cible pour la fin du projet : limitant ainsi la durée de vie de l'équipe Six Sigma et créant une pression pour atteindre les objectifs du projet.

3. **Définition de l'étendue, des contraintes, et des hypothèses du projet :** Il s'agit de définir et faire valider par les commanditaires du projet Six Sigma le périmètre de ce dernier. Cela est fait en définissant clairement ce qui fait partie du projet et ce qui n'en fait pas partie.

   Les Contraintes : réfèrent aux limites financières et temporelles imposées sur le projet. Une contrainte classique serait le temps que les membres de l'équipe peuvent passer sur le projet.

   Les Hypothèses : décrivent les points sur lesquels l'équipe Six Sigma peut baser son travail sans avoir à les revoir et les vérifier.

4. **Affectation des membres de l'équipe :** Le diagramme du projet doit déterminer tous les membres de l'équipe et leurs rôles respectifs. Il est conseillé de limiter la taille de l'équipe, car plus grande est cette dernière, plus il devient difficile de gérer l'avancement du projet. De même, les membres de l'équipe doivent être familiers avec le processus sous-jacent.

Enfin, le fonctionnement de l'équipe d'un point de vue pratique doit être déterminé à ce niveau (la fréquence des réunions, la communication au chef de projet, règles de prise de décision et le temps que chaque membre peut passer sur le projet...)

5. **Elaboration d'un plan initial du projet :** Il s'agit de mettre des jalons pour chaque étape du projet afin de suivre son avancement et prévenir les retards éventuels. Des outils comme les diagrammes de Gantt peuvent être utilisés pour gérer l'avancement des tâches.

6. **Identification des parties prenantes du projet :** La démarche d'amélioration affectera à la fois des personnes et des entités au sein et à l'extérieur de l'organisation (les parties prenantes du projet). Comprendre quelles sont ces parties et ce qu'elles attendent du projet permet de mieux répondre à leurs besoins. Plus tôt l'équipe anticipera les effets du projet, moins elle fera face à des surprises et des phénomènes d'opposition lors de la mise en place.

La définition des éléments précédents doit aboutir à une fiche cadrant le projet Six Sigma. En voici un exemple :

Fiche de projet Six Sigma	
Nom du projet : *Réduction des taux de défauts pour le produit X*	
Le chef de projet : *M. Claude*	Les membres de l'équi-pe :
Le cas : *une détérioration de la qualité pour le produit X conduisant à une détérioration de la rentabilité pour ce produit*	*M. Claude, chef de projet M. Robert, responsable de la ligne de production M. Maurice, Ingénieur Qualité M. Jean, Ingénieur de Production*
Description du problème/opportunité : *Le taux de défauts pour le produit X a augmenté de 0,5% à plus de 2% au cours des 6 derniers mois. Cela a conduit à une augmentation du nombre de plaintes des clients, une augmentation des retours pour le pro-duit X détériorant ainsi la rentabilité financière pour cette ligne de produits.*	Description du but : *Réduire le taux de dé-fauts pour le produit X à moins de 0,1% avant le 30 Mai 2007*
Etendue et Contraintes du projet : *L'équipe est libre de mettre en place toute bonne idée après justification et approbation par le responsable du processus, cependant, aucun nouveau équipement ni nouveau recrutement sera autorisé lors de la mise en place.*	Parties prenantes du projet : *M. Bertrand, responsable des achats M. Thomas, Responsable RH M. Guillaume, Marketing*

Plan initial	Date cible	Date effective
Date de com-mencement	*15 Décembre 2006*	
Etape de défini-tion	*15 Janvier 2007*	
Etape de mesure	*15 Février 2007*	
Etape d'analyse	*15 Mars 2007*	
Etape d'amélio-ration	*15 Avril 2007*	
Etape de Contrô-le	*30 Mai 2007*	
Date de fin de projet	*30 Mai 2007*	

Exemple d'une Fiche de Projet Six Sigma

2. L'identification des requis

Une fois l'organisation du projet et de l'équipe définie, il est possible de voir qui sont les clients affectés par le problème sous-jacent et quels sont leurs soucis. L'identification et l'analyse des requis des clients se fait en deux points : (1) L'identification des requis et (2) la hiérarchisation de ces derniers pour se concentrer sur les plus importants.

2.1 L'identification des requis

L'objectif de cette phase est d'identifier les requis du client indépendamment de leur importance. Il comprend les cinq étapes suivantes:

1. Identifier le produit ou le service en sortie du processus en répondant à la question : "Les requis sur quoi ?".

2. Identifier les clients ou les segments de clients du processus. Il est nécessaire de faire la différence entre les distributeurs et les clients finaux qui sont les vrais utilisateurs du produit ou du service. Certaines entreprises se tiennent à se référer à leurs distributeurs comme partenaires et gardent la nomination "client" pour les clients finaux dont les requis doivent être satisfaits.

3. Utiliser les données existantes (sondages, plaintes, commentaires...) pour avoir une idée sur les besoins des clients.

4. Préparer une liste des requis : L'expression des besoins des clients est transformée en une liste concrète de requis pour le processus. La figure suivante montre comment les besoins des clients sont transformés en des requis que le processus doit satisfaire.

Commentaires Clients	Image ou Problème	Requis sur le Processus
"Comment vous ne savez pas la date de livraison de mon véhicule ? Ça commence à durer ..."	Peu d'intérêt dans les délais d'attente des clients Délais probablement inacceptables par les clients L'information sur les délais de livraison qui rassure les clients n'est pas disponible.	Délais de livraison inférieurs à une certaine limite. Information toujours disponible en cas de retard.

Exemple d'une transformation d'un Commentaire du Client en Requis pour le Processus

5. Validation des requis : Une fois la liste définie, il faut la valider avec la structure commerciale et les clients. L'objectif est de vérifier que les requis définis décrivent bien ce que veulent les clients.

2.2 L'analyse et la hiérarchisation

L'objectif de cette phase est de hiérarchiser les requis des clients afin de se concentrer sur les plus importants. Pour cela, il est possible de procéder à une analyse de Kano. Kano était un pionnier du mouvement de qualité au Japon et comprit très vite l'importance de diviser les requis des clients en trois catégories :

1. Les impératifs représentent les besoins essentiels des clients et qui peuvent faire perdre ces derniers s'ils ne sont pas satisfaits adéquatement. Ces caractéristiques sont considérées comme normales dans le produit ou le service, et rendent le client extrêmement mécontent si le produit ou le service ne les satisfait pas.
   Exemple : Un délai de livraison d'un an pour un véhicule.

2. Les requis souhaitables : Plus ces requis seront satisfaits, meilleure sera la note attribuée par le client au propriétaire du processus. La compétition entre concurrents ainsi que les efforts d'amélioration tournent généralement autour de ces requis (les impératifs étant normalement atteints).
   Exemple : Le prix est un exemple de requis souhaitable, plus le prix est bas, plus le client est satisfait.

3. Les requis latents sont les caractéristiques qui ne sont pas exprimés pas le client, mais qu'il trouvera novatrices et originales. Ces requis ne doivent être considérés que si les autres requis sont satisfaits.
   Exemple : La carte de démarrage et d'accès à bord « mains libres » dans l'automobile.

Une fois cette étape d'analyse et de hiérarchisation faite, il faut identifier, parmi les requis précédents, quels sont ceux qui feront l'objet du Projet Six Sigma.

3. Définition haut niveau du processus

La dernière étape de la phase de définition consiste à développer une vision haut niveau du processus sous-jacent.

Un processus est défini comme un ensemble d'opérations interdépendantes ajoutant de la valeur à des entrées et les transformant en des sorties.

Une définition haut niveau d'un processus vise à délimiter le processus d'un point de vue pratique. Les points suivants doivent être clarifiés :

- Les fournisseurs du processus.

- Les entrées du processus

- Les opérations élémentaires du processus

- Les sorties à générer.

- Les clients du processus (externes et internes)

La figure suivante montre un exemple d'une définition haut niveau d'un processus de production de prototypes (pour les carrosseries d'automobiles):

Fournisseur(s)	Entrées	Processus	Sorties	Clients
Département de conception et d'ingénierie	Documents de spécifications Matériaux	Vérification et configuration des machines (découpage, presse, fraisage...). Fabrication des composants aux spécifications Assemblage des composants Vérification de la conformité des assemblages avec les spécifications Livraison	Prototypes	Département de tests et de qualification

Définition haut niveau d'un processus de production de prototypes

Voici trois conseils pour bien remplir le tableau précédent :

1. Identifier clairement le processus avec une description concise.
   Exemple : "Processus de facturation des clients."

2. Bien définir l'étendue du processus : Où commence le processus ? Avec quel(s) fournisseur(s) ? Où s'arrête-t-il ? Avec quel(s) client(s) ? L'objectif ici est d'éviter à l'équipe Six Sigma de couvrir une étendue trop large qui augmente la complexité des efforts d'amélioration et réduit leur efficacité.

3. Bien identifier les requis sur les sorties et sur les entrées (si ces derniers sont connus) : Quelles sont les caractéristiques-clés dans les sorties qui sont exigées par les clients ? Quelles sont les caractéristiques clés dans les entrées nécessaires au bon fonctionnement du processus ?

Chapitre 3 : PHASE DE MESURE

Ce chapitre décrit l'étape de mesure de la démarche DMAAC (Définition - Mesure - Analyse -Amélioration - Contrôle) d'un projet Six Sigma. Ce chapitre décrit les principes de la mesure et les outils et méthodes utilisés dans la mesure.

La phase de mesure se fait en deux étapes : La première étape consiste à déterminer les variables pertinentes du problème (or comme le but de la démarche Six Sigma est d'identifier les éléments clés du problème, il est nécessaire, parfois, d'utiliser l'intuition et l'expérience pour déterminer les variables à mesurer). La seconde étape est celle de la mesure, mais parfois, les données existent déjà au sein de l'entreprise.

1. Variables continues et variables discrètes

Comprendre la différence entre les variables continues et les variables discrètes permet de :

- Bien définir les variables à mesurer.

- Bien collecter les données et bien les utiliser.

- Bien effectuer l'échantillonnage des données et leur analyse.

Voici la définition de ces deux types de variables :
- **Les variables continues :** ce sont des paramètres qui peuvent varier dans un spectre infini. Par exemple le temps (les heures, les minutes, les secondes), les dimensions (mètre, centimètre...), les niveaux sonores (décibels), la température (degrés), l'argent (euros, dollars...).

- **Les variables discrètes :** ce sont les variables, où il est possible de séparer les choses dans des catégories différentes. Exemple : types de véhicules. Les variables discrètes incluent aussi les échelles artificielles qu'on utilise dans les sondages et où les gens sont amenés à évaluer un service ou un produit et à exprimer leur sentiment envers quelque chose sur une échelle de 1 à 5 par exemple. Les variables discrètes sont parfois dites des "attributs" ou des "caractéristiques" parce qu'elles séparent les différents membres d'une population en des classes suivant les caractéristiques des membres en question : Le client est-il un homme ou une femme ? La livraison est-elle faite dans les délais impartis ou non ? L'adresse était-elle correcte ou non?

Pour déterminer si une variable est continue ou discrète, il faut penser à l'objet mesuré et se poser la question de savoir si "la moitié de cet objet" a un sens ou non. Si oui, la variable est continue. Sinon, la variable est discrète.

Exemples :

Objets mesurés	Le test de la moitié
Les clients satisfaits	Résultat négatif, mesure discrète
Heures perdues dans les corrections	Résultat positif, mesure continue
Taux de défauts	Résultat négatif, mesure discrète

L'importance du concept des variables discrètes vient du fait que la démarche six sigma mesure la qualité de la sortie d'un processus qui est une variable discrète (conforme ou non conforme). Quand la mesure de la sortie est continue, il est possible de la transformer en variable discrète, comme le montrent les deux exemples suivants :

Exemples :
- La variable « Temps d'attente par appel entrant » peut être transformée en « Nombre d'appels subissant plus de 30 secondes d'attente ».

- La variable "Minutes nécessaires pour remplir un avion" peut être transformée en "Départs retardés d'avions".

2.   Principes de mesure

Les principes suivants doivent être respectés lors de la phase de mesure, et il est nécessaire que les membres de l'équipe du projet en soient familiers:

1. Précéder la mesure par l'observation.

2. Avoir un processus de mesure.

2.1   Principe 1 : Précéder la mesure par l'observation

La première étape dans la mesure est d'observer les opérations sur le terrain afin de devenir familier avec le processus sous-jacent. Cette phase d'observation permet d'identifier les variables à mesurer et où les mesurer.

L'observation d'un événement ou ses effets permet de le mesurer, ce qui permet, à son tour, de l'améliorer.

2.2   Principe 2 : Avoir un processus de mesure

Le but de ce principe est d'avoir de bonnes mesures dès la première tentative. Or si les mesures ne sont pas faites avec rigueur la première fois, il devient nécessaire de collecter les données une seconde fois. La section qui suit montre comment la collecte des données est approchée comme un processus standardisé et documenté.

3.   Outils de mesure et d'analyse préliminaire

Les outils de collecte et d'analyse de données décrits dans cette section permettent d'éviter des erreurs courantes (par exemple, effectuer des mesures alors que les données sont déjà disponibles, mesurer les mauvaises variables, ce qui obligerait à des retours en arrière) commises lors de la collection des données :

3.1   L'arbre CTQ (Critical To Quality)

Cet outil permet de décomposer un requis général du client en des requis plus simples et plus quantifiables. Il peut être utilisé lorsque les requis du client sont non spécifiés ou difficiles à quantifier. Il est utilisé dans la phase de mesure pour identifier les requis qui soient critiques à la qualité et qui soient mesurables.

Il n'est pas utilisé pour identifier les causes qui influent ses requis. En conséquence, il n'est pas à confondre avec les diagrammes causes/effets. La figure suivante fournit un exemple simplifié d'un arbre CTQ. Le nombre exact
des branches dans l'arbre dépend de la situation :

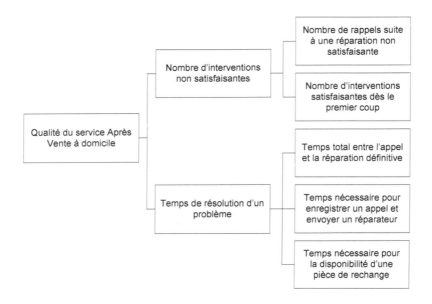

Exemple d'arbre CTQ

L'utilisation de cet outil se fait en deux étapes. Dans une première étape, il
est nécessaire d'identifier un requis majeur au client, et d'identifier les caractéristiques de ce dernier qui soient critiques à la qualité. Dans l'exemple
de la figure, deux caractéristiques (le nombre d'interventions nécessaires
pour résoudre un problème de panne (après vente), et la durée de non-dis-
ponibilité du produit) sont critiques à la qualité du service fourni au client.

Dans une seconde étape, il est nécessaire de rechercher les types des données associées avec ces caractéristiques critiques à la qualité et de les ar-
ranger d'une manière logique sur les cases se trouvant sur la droite du diagramme.

3.2   Arbre d'analyse des mesures

Il est utilisé pour identifier les données importantes à la résolution du problème sous-jacent. La figure suivante illustre un exemple d'arbre d'analyse
:

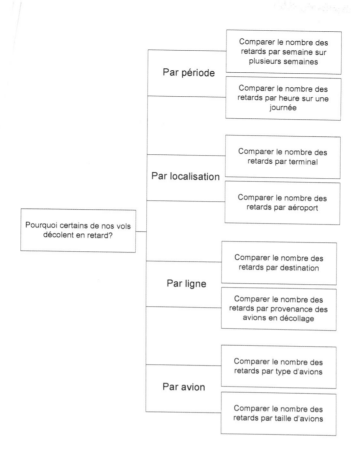

Exemple d'arbre d'analyse de mesures

Pour utiliser cet arbre, il est nécessaire de :

1. Identifier un défaut dans une sortie importante au client, par exemple, les retards au décollage des vols (voir phase de définition de la démarche Six Sigma).

2. Utiliser les facteurs de discrimination qui permettent de séparer d'une manière significative les unités avec défauts des unités sans défauts. Dans l'exemple précédent, les facteurs de discrimination sont : la période, la localisation, la ligne, le type de l'appareil.

3. Pour chaque facteur de discrimination, il faut identifier les données à mesurer.

Une fois l'arbre construit, il est possible de conduire une première analyse pour remonter à la source du problème.

3.3 L'échantillonnage

Généralement, il n'est pas possible de mesurer chaque unité à la sortie d'un processus. C'est pour cette raison que l'échantillonnage est utilisé. Il permet de donner une idée quant à la qualité des sorties d'un processus sans avoir à inspecter toutes les unités produites par ce dernier.

Pour que l'échantillonnage soit acceptable, il est nécessaire que l'échantillon mesuré soit représentatif de l'ensemble des unités en sortie du processus.

L'échantillonnage peut être systématique (les unités sont mesurées sur des intervalles ou des quantités fixes, par exemple, toutes les 45 minutes, ou toutes les 100 unités produites) ou aléatoire (les unités mesurées sont choisies aléatoirement).

3.4 Nombre de Sigmas du processus

Le nombre de Sigmas permet de mesurer la performance du processus dans l'état actuelle, et de voir si les améliorations appliquées au processus contribueront à l'amélioration de sa performance. Voici les étapes à suivre pour calculer le nombre de Sigmas d'un processus :

1. Définir le processus en terme de sorties, de clients et leurs requis (voir phase de définition de la démarche Six Sigma).

2. Définir le sens de "défaut" dans le cadre du processus sous-jacent. Pour cela, il faut identifier tout types de défauts et effectuer un premier travail d'analyse qui vise à éliminer les défauts très rares et peu probables, identifier si certains défauts sont des facettes du même problème, ou si plusieurs problèmes conduisent au même défaut. Cette analyse conduit à un nombre de défauts possible par unité, appelé aussi Nombre d'Opportunités de Défauts par Unité (NODU).
   Exemple : Un stylo, par exemple, peut avoir les défauts suivants à la sortie de la ligne : cassé, encre répandu, non complètement rempli par l'encre, forme non rectiligne, couleur non conforme...

3. Calculer le taux de défauts par million d'unités : compter tout les défauts remarqués sur toutes les unités (attention une unité peut avoir plusieurs défauts qui doivent être tous comptabilisés), multiplier-le par un million et diviser-le par le nombre total d'opportunités. Le nombre total d'opportunités est égal au nombre des unités multiplié par le nombre d'opportunités de défauts par unité :

Taux de défauts par million = $(10^6) \times D / (N \times NODU)$

D: Nombre total de défauts comptés.
N: Nombre total d'unités comptées.
NODU: Nombre d'opportunités de défauts par unité de produit ou de service.

4. Convertir le taux de défauts par million en un nombre de Sigmas en utilisant le tableau du chapitre "Introduction".

Chapitre 4: PHASE D'ANALYSE

Ce chapitre décrit l'étape d'analyse de la démarche DMAAC (Définition - Mesure - Analyse -Amélioration - Contrôle) d'un projet Six Sigma. L'objectif de ce chapitre est de montrer les outils qui permettent de faire une meilleure utilisation des données collectées lors de l'étape précédente (Mesure). L'étape de l'analyse porte sur deux points :

- L'exploration des données et des processus pour identifier des comportements, des tendances, et des dépendances qui permettent de formuler des hypothèses concernant les causes les plus probables des défauts. Cela se fait par l'analyse des enchaînements et des étapes qui produisent le service ou le produit demandé par le client.

- La vérification des hypothèses formulées : L'objectif est d'analyser les hypothèses formulées lors de l'étape précédente pour les confirmer ou les infirmer.

1. L'exploitation des données du processus et la formulation des hypothèses

En analysant les différences implicites entre les entrées, les méthodes, les opérateurs du processus dans les cas où il génère des défauts et dans les cas où il ne génère pas de défauts, il serait possible de formuler et tester des hypothèses sur les défauts en question. De plus, en explorant d'une manière détaillée les différentes étapes du processus, et l'interdépendance entre ces étapes, il serait possible de vérifier les hypothèses en utilisant une approche causes/effets.

Voici d'autres questions logiques pour analyser les causes :

- Le nombre de défauts est-il significativement plus important dans certains cas ? Quelles sont les caractéristiques des personnes, des méthodes, des localisations, des fournisseurs... qui font en sorte que le nombre de défauts augmente significativement ?

- Y a-t-il des temps ou des périodes de temps où le nombre des défauts augmente significativement ? Et quelles sont les caractéristiques de ces périodes ?

- Y a-t-il des variables qui changent d'une manière significative avec le nombre de défauts ?

- Y a-t-il une relation quelconque entre une étape du processus et la nature des défauts.

La section suivante décrit quelques outils qui permettent de trouver des réponses à ces questions :

1.1   Les diagrammes de Pareto

Les diagrammes de Pareto sont basés sur le principe de Pareto qui affirme que 80 % des effets sont dus à 20 % des causes. Ce principe est nommé d'après Vilfredo Pareto, économiste italien du XIXe siècle. Pareto argumenta que dans n'importe quelle société 20 % des individus possèdent 80 % de la richesse. Son principe fut ensuite généralisé à divers contextes, comme la fréquence des mots dans un texte (quelques mots sont utilisés fréquemment mais la plupart des mots rarement) ou la taille des grains dans un back de sable.

À noter : En pratique ce ratio n'est pas toujours exactement 80-20 mais reste dans ces zones.

L'objectif des diagrammes de Pareto est d'identifier si des sources particulières génèrent la majorité des défauts. Si oui, il faut concentrer ses efforts sur ces sources principales. Si ce n'est pas le cas (pas d'effet Pareto), il faut revenir aux données originales et utiliser d'autres outils d'analyse.

Exemple : Fers à repasser défectueux
Pour résoudre les problèmes de qualité dans une ligne produisant des fers à repasser, 9 types d'anomalies ont été identifiées dans les unités produites. Ces types d'anomalies sont les suivants :

(1) Sabot déformé, (2) Résistance défectueuse, (3) Circuit d'eau défectueux, (4) Régulateur de température défectueux, (5) Assemblage non conforme, (6) Générateur de vapeur défectueux, (7) Indicateur lumineux défectueux, (8) Câble de connexion non conforme, (9) Couleur non conforme.

Une fois les données sur ces 9 types de défauts collectés (245 anomalies en tout), le diagramme de Pareto suivant fut construit :

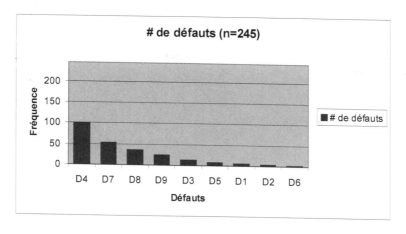

Exemple de diagramme de Pareto

Ce diagramme montre que plus de 80 % des problèmes de qualité sont liés aux défauts # 4, 7, 8, 9 (Régulateur de température- indicateur lumineux, câble de connexion, couleur). Il faut donc se concentrer sur ces points particuliers et chercher pourquoi la fréquence des défauts dans ces composants est si élevée.

Un des inconvénients avec les diagrammes de Pareto est qu'ils représentent une photo du processus à un certain instant et ne capturent pas la nature dynamique des processus dans le temps. C'est pour cette raison que les diagrammes de tendance sont aussi utilisés.

1.2   Les diagrammes de tendance

L'analyse de l'évolution de la performance d'un processus avec le temps permet de corréler les performances du processus (ou leur dégradation) et les évènements (externes ou internes) ayant pris place en même temps.

Pour se faire, il suffit de construire les diagrammes d'évolution des mesures des sorties sur une période de temps (divisée en des intervalles réguliers de temps, heures, jours, semaines, mois, années…). La figure suivante fournit un exemple de diagramme de tendance. Elle montre un comportement anormal de la sortie à partir du 13e jour. Il faut donc revenir à cette période (autour du 13e jour) et chercher les événements qui ont eu lieu autour de ce moment pour comprendre la raison de ce comportement.

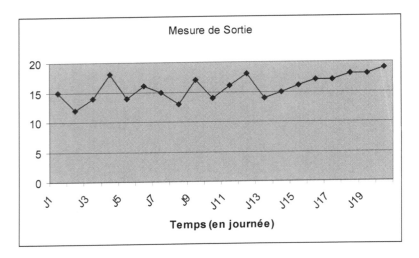

Exemple de diagramme de tendance

L'inconvénient des diagrammes de tendance est que les données histori-
ques sont parfois indisponibles et donc les courbes sont construites avec
un nombre limité de points qui réduisent les possibilités d'analyse et la fia-
bilité des conclusions.

Notre Conseil : Dès qu'il y des données collectées sur une période de
temps, pensez aux diagrammes de tendance. Aussi pensez à ajouter des
lignes représentant la moyenne et la variance au digramme.

1.3   Les diagrammes causes-effets

Cet outil permet de construire une liste structurée des causes potentielles
du problème. Ces diagrammes sont aussi appelés des diagrammes en arête
de poisson, ou encore diagrammes d'Ishikawa et sont le le fruit des travaux
de Kaoru Ishikawa dans la gestion de la qualité.

Dans ce diagramme, les causes des variations sont réparties en plusieurs
branches :
*   Causes liées aux équipements

*   Causes liées aux matériaux

*   Causes liées aux méthodes

*   Causes liées aux opérateurs

Chaque branche reçoit d'autres causes ou catégories hiérarchisées selon
leur niveau d'importance ou de détail.

La figure suivante montre un exemple de diagrammes cause – Effet :

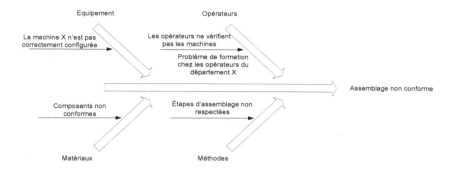

Exemple de diagramme causes-effets

Dans cet exemple, les causes les plus probables au problème d'assemblage non conforme ont été formulées. L'étape suivante consiste à vérifier les différentes hypothèses grâce aux données collectées.

1.4   Les diagrammes du processus

Dans la phase de définition de la démarche Six Sigma, il a été construit un diagramme haut niveau du processus. Dans cette étape d'exploration, ce diagramme est approfondi en allant dans les détails de chaque étape du processus afin de pouvoir identifier les sources potentielles des perturbations. Jusqu'à quel niveau de détails faut-il aller ? Suffisamment pour que les décisions basiques de gestion (lancement de la production, augmentation des niveaux de stocks...) soient incluses. De même les boucles de rétroaction où les sorties d'une étape du processus impactent le fonctionnement des étapes en amont doivent être incluses.

La figure suivante montre un exemple de diagramme détaillé de processus. Cet exemple montre le processus d'appel d'offre pour un service ou un produit donné au sein d'une organisation. Cette dernière utilise à la fois des annonces dans les journaux et des mailings directs pour solliciter des réponses à ses appels d'offre.

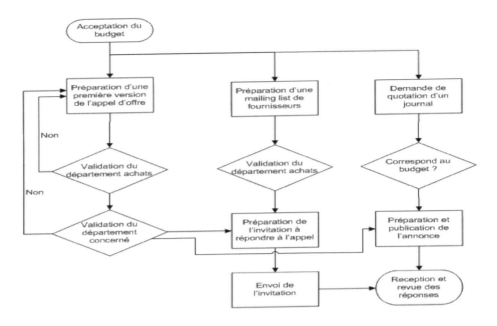

Exemple de diagramme de processus

Un diagramme de processus permet de représenter graphiquement les étapes, les tâches, les séquences et les relations au sein du processus. Il fournit une base pour l'identification des problèmes et des opportunités, la définition et la documentation du processus et l'analyse de l'impact des améliorations envisagées.

Dans ce diagramme :

- Les oblongues démarquent des points de début et de fin.

- Les rectangles représentent des tâches et des actions.

- Les diamants représentent des décisions.

- Les flèches représentent la direction des flux au sein du processus

2.   La génération des hypothèses sur les origines des causes

Parfois certaines hypothèses sur les origines des causes apparaissent naturellement. Quand trois personnes par exemple ne sont pas d'accord sur la façon avec laquelle une étape est effectuée, c'est qu'il y a confusion et erreur.

La génération des hypothèses se fait en se concentrant sur les points suivants :

- Les discontinuités : entre les étapes du processus où il y a des "casses" de communication entre les équipes, avec les fournisseurs, avec les clients ou entre la direction et les opérateurs.

- Les goulots d'étranglement : où les volumes de travail dépassent la capacité provoquant un ralentissement des processus en aval (Si on doit attendre le retour de quelqu'un de vacances pour effectuer une tâche donnée, c'est qu'il y a probablement un goulot d'étranglement).

- Les boucles de correction.

- Les redondances : sont les étapes du processus qui dupliquent les activités.
  Exemple : La même information venant d'amont et servant pour le même usage.

Dans une deuxième étape d'analyse, il est nécessaire de regarder le processus étape par étape et se poser la question de savoir quelles sont les étapes qui ajoutent réellement de la valeur au produit ou service. La valeur étant définie comme toute caractéristique dans le produit (fonctionnalité, qualité, délai de livraison...) qui est importante pour le client. Il est nécessaire de classifier les étapes du processus en trois catégories :

- Les étapes ajoutant de la valeur : Ce sont les étapes qui sont perçues comme utiles par les clients finaux, apportent des changements au contenu ou à la forme du produit ou du service produit, et qui se font une fois et uniquement une fois sans redondance.

- Les étapes n'ajoutant pas de valeur, mais qui sont nécessaires : Ce sont les étapes qui ne peuvent être supprimées sans détériorer la valeur du produit. Par exemple, le fait de supprimer l'inspection en l'absence d'un processus stable détériore la qualité, alors que l'inspection elle-même n'ajoute pas de la valeur dans le sens strict du terme.

- Les étapes sans valeur ajoutée : Comme le stockage, les vérifications, le transport... . Ces étapes augmentent les coûts et les délais et ne sont pas utiles pour le client.

3.   La vérification des hypothèses

La section précédente était dédiée à la recherche d'hypothèses de cause des problèmes. Dans cette section, on cherche à vérifier ces hypothèses. Trois outils principaux sont utilisés pour la vérification des hypothèses :

3.1   Les diagrammes en XY

Ces diagrammes représentent la variation d'une variable mesurant le problème (en ordonnée ou Y), par rapport à une variable mesurant la source potentielle du problème (en abscisse ou en X).
La figure suivante illustre l'exemple d'un diagramme en XY :

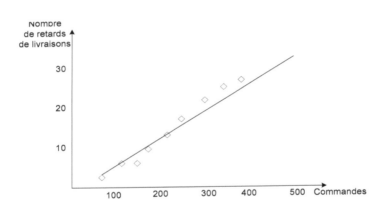

Exemple d'un diagramme en XY

Ce diagramme confirme l'hypothèse affirmant que le problème des retards de livraisons est lié au nombre de commandes des clients. Le diagramme montre qu'il s'agit très probablement d'un problème de capacité.

3.2   Les diagrammes des classes

Ces diagrammes permettent de tester l'hypothèse sur la cause du problème en divisant les données en des classes et en représentant ces dernières. Le fait qu'il y ait des différences significatives entre les classes ou non permet d'accepter ou réfuter l'hypothèse formulée.

L'exemple suivant montre un diagramme de classes :

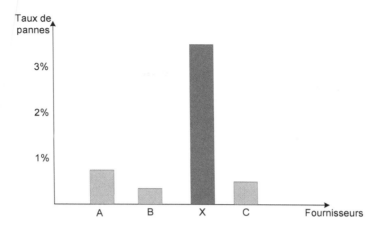

Exemple de diagramme de classes

Dans cet exemple, le but est de tester l'hypothèse «Les unités du produit utilisant un composant d'un fournisseur X tombent plus souvent en pannes». Pour cela, les unités du produit ont été divisées en plusieurs classes en fonction du fournisseur pour le composant en question. Le taux de panne pour chaque classe a été calculé pour aboutir au diagramme. Ce dernier révèle que, effectivement, le taux de panne dans les unités utilisant le composant du fournisseur X est d'au moins 4,5 fois supérieur aux taux de panne des autres fournisseurs. Il est vraisemblable que l'hypothèse formulée soit vraie.

3.3   Les tests pilotes

Dans certains cas, il est difficile, voir impossible, de collecter les données qui permettent de confirmer ou infirmer une hypothèse (sur la source du problème). Dans ce cas, une option possible est d'analyser sur le terrain et mettant en place un changement suggérer par l'une des hypothèses. Il faut, cependant, rester vigilant sur les points suivants :

- Etudier et analyser théoriquement les effets du changement.

- Documenter les changements.

- Faire le test sur une échelle réduite d'abord avant de le déployer en cas de réussite.

3.4   L'expérimentation

C'est un autre outil qui permet de vérifier les causes des variations. En changeant le processus à de petites échelles au niveau d'étapes pré-définies, et en mesurant les impacts résultants, il est possible de vérifier les causes.

Un autre avantage à la modification et l'élimination des étapes sans valeur ajoutée est la réduction des cycles (période nécessaire pour traiter une unité du produit ou du service) du processus, ce qui a son tour, réduit les délais de livraison et augmente la satisfaction des clients.

Chapitre 5: PHASE D'AMELIORATION

La phase d'amélioration de la démarche Six Sigma se fait en quatre éta-pes:

- La génération des solutions.

- Le travail des idées brutes et la synthétisation de solutions complètes.

- L'analyse et la sélection de la meilleure solution.

- La vérification de la solution en utilisant par exemple les tests-pilotes et la mise en place de cette dernière.

L'objectif de ce chapitre est de détailler ces étapes et les outils associés.

1. Etape 1: Génération des solutions

L'objectif de cette étape est de partir, d'une manière créative, dans la re-cherche de la solution au problème sous-jacent. Indépendamment de la faisabilité des idées émises, il est important dans un premier temps de pen-ser en dehors des conventions traditionnelles et de chercher des solutions innovantes aux problèmes sous-jacents.

La plupart des techniques utilisées dans cette étape sont des alternatives aux traditionnelles sessions de "brainstorming". En voici deux exemples :

1.1 La conceptualisation

La conceptualisation est utilisée pour obtenir un large spectre d'idées et s'assurer que toutes les possibilités ont été envisagées.

En pratique, les « concepts» sont des catégories d'idées. En identifiant des concepts, une équipe peut effectuer plusieurs cycles générateurs d'idées, chaque cycle s'attache à développer le potentiel d'un concept donné. Cet-te démarche se fait en deux étapes :

- Identifier de trois à sept concepts. Pour cela, il est possible d'effectuer un brainstorming initial, puis une analyse par affinités afin de faire ressortir les concepts.

- Mener un brainstorming basé sur chaque concept. Lorsque le flux d'idées commence à s'amenuiser, changer de concept.

1.2   L'élimination d'hypothèses

Cette technique est utilisée lors des discussions pour éviter les hypothèses, souvent erronées, faites par certains intervenants dans l'équipe. Le tableau suivant montre certaines de ces « phrases hypothèses ».

L'hypothèse	Son élimination
Nous ne pouvons pas Ils ne vont jamais acheter Nous avons toujours procédé de la sorte	Nous pourrions Nous pourrions les convaincre Peut-être est-il temps de changer notre manière de procéder
Je n'ai jamais vu cela auparavant Cela ne va pas marcher	Je peux le concevoir Cela peut marcher

2.   Etape 2 : Travailler les idées brutes et synthétiser les solutions complètes

Lors de l'étape 1 (recherche créative et brainstorming), il n'est pas nécessaire d'attacher trop d'attention à ce qui est réalisable et ce qui ne l'est pas. C'est dans cette seconde étape que les idées du brainstorming sont transformées en des solutions concrètement applicables.
Les deux outils, décrits ci-dessous, répondent à cet objectif

2.1   Echelle d'applicabilité

Cette échelle est utilisée pour analyser l'applicabilité de nouvelles idées et développer de nouvelles solutions pratiques.

Echelle d'Applicabilité

Sur cette échelle, contenant cinq zones différentes, les idées d'amélioration sont classées en fonction de leur applicabilité. Lors de l'analyse, il faut d'abord se concentrer sur les idées « qui ne vont pas marcher » et se demander « y a-t-il quelque chose que l'on pourrait faire pour les rendre applicables ?». L'analyse des idées applicables de l'autre côté de l'échelle est plus facile.

Exemple : Il arrive que certains responsables demandent les machines les plus performantes et les plus sophistiquées sur le marché pour améliorer les processus sous-jacents. Or dans la plupart des cas, cette solution n'est pas justifiée. Les deux questions qu'il faut se poser sont alors : « Les machines actuelles sont-elles vraiment le problème » et « Si oui, quel est le problème exact avec les machines actuelles et comment peut-on faire pour le résoudre ? »

Lorsque les solutions proposées sont vraiment difficiles à appliquer, l'équipe Six Sigma peut proposer des variantes de la solution susceptibles de fonctionner à une échelle réduite : Modifier une machine (machine sur laquelle l'équipe possède le contrôle) au lieu d'en acquérir de nouvelles, déplacer l'aire de stockage pour ne pas interférer avec la chaîne principale, etc.

2.2 Décomposition logique d'un objectif

L'objectif de cet outil est d'organiser les composantes d'un objectif en un ensemble de tâches de plus en plus simples et concrètes.

Exemple d'une décomposition logique d'objectif

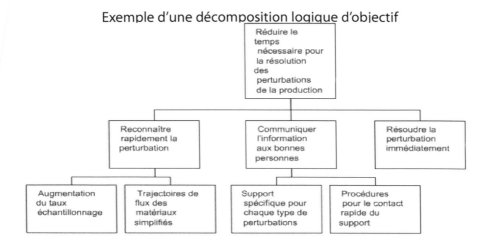

Dans le cas particulier de l'exemple précédent, l'objectif était de réduire le temps nécessaire pour la résolution des perturbations de la production. Cet objectif a été décomposé en trois sous objectifs. Puis ces derniers ont été eux-mêmes décomposés de nouveau en des actions plus concrètes.

Plus généralement, pour construire une décomposition logique d'un objectif, il suffit de suivre les trois étapes suivantes :

1. Déterminer clairement l'objectif qu'on cherche à atteindre.
   Notre conseil : créer une décomposition logique séparée pour chaque objectif du problème.

2. Se poser la question sur les mesures et les actions à accomplir afin d'atteindre l'objectif supérieur.

3. À chaque niveau, il faut transformer les solutions intermédiaires elles-mêmes en des objectifs et chercher les solutions pour atteindre ces nouveaux sous-objectifs. Les solutions deviennent de plus en plus concrètes en passant aux niveaux inférieurs.

Ce processus doit être réitéré jusqu'à ce que les tâches en bas de l'arbre deviennent suffisamment simples et élémentaires.

3. Etape 3 : Analyse et sélection des solutions

Il existe plusieurs outils pour analyser et sélectionner les solutions. Ils utilisent tous le même principe : comparer les solutions potentielles (ou options) en utilisant des critères déterminants. Dans cette section, deux de ces outils sont présentés : La matrice efforts/effets et la matrice de décision.

Attention : Il faut faire attention à l'objectivité des critères et leur indépendance vis-à-vis des solutions potentielles. En effet, certains responsables ont tendance à imposer des critères qui favorisent leurs solutions préférées.

3.1 La matrice efforts/effets

Cet outil permet de choisir une solution parmi des solutions potentielles et comparables. Pour chaque solution potentielle, l'effet de la solution et la quantité d'effort à fournir pour la mettre en place sont analysés en se posant les questions suivantes :

Pour les efforts :

- Sommes-nous capables de mettre en place cette solution ?

- La mise en place de la solution demanderait-elle une formation importante ?

- Avons-nous les ressources/l'équipement nécessaires à la mise en place de la solution ?

- Combien de personnes devront changer leur mode de travail ?

- Avons-nous la technologie pour la mise en place de la solution ?

Pour les effets :

- Les clients vont-ils avoir des effets immédiats ?

- Les changements apportés vont-ils avoir des effets sur les processus amont et aval ?

- La solution répond-elle à la cause principale des problèmes mis en évidence lors de la phase d'analyse ?

3.2   La matrice de décision

Contrairement à la matrice efforts/effets, la matrice de décision utilise une approche plus quantitative pour la sélection de la meilleure solution parmi les différentes alternatives.

Le diagramme suivant montre un exemple de matrice de décision :

Critères	Alternative A		Alternative B		Alternative C	
	Score		Score		Score	
Temps de mise en place.	3 mois	7				
Coût	1,5 million	2				
Amélioration de la qualité	20%	3				
Besoin de formation	Important	2				
	Total	14	Total		Total	

Exemple de Matrice de Décision

Voici la démarche à suivre pour construire une matrice de décision :

1. Déterminer les critères appropriés. Evaluer la meilleure/pire valeur possible de chaque critère.

2. Evaluer chaque option sur chaque critère et noter l'option.
    Notre conseil : Ne pas hésiter à utiliser une échelle d'évaluation assez large. Cela permet d'avoir une franche distinction entre les différentes options. Par exemple, il est préférable d'utiliser des critères sur des échelles avec 10 graduations que des échelles avec 4 graduations.

3. Déterminer la solution optimale en totalisant la somme des scores pour chaque alternative. Il est possible de donner des pondérations plus importantes à des critères jugés plus importants.

4. Réviser la solution sélectionnée. Effectuer une analyse des risques et des effets de cette solution si nécessaire.

4.   Etape 4 : Test pilote et mise en place

À l'exception de l'échelle et de la complexité potentielle, un test-pilote est similaire à la mise en place à l'échelle réelle. Dans les deux cas, il est nécessaire de décider les changements à faire, les préparer, mesurer les résultats etc. –cela implique que les mêmes outils sont à utiliser.

Le premier outil présenté permet une planification pro-active : Essayer d'anticiper ce qui pourrait aller mal et construire des stratégies pour répondre a ces scénarios si besoin. Le second outil permet d'exploiter les enseignements tirés du test-pilote qui sont à utiliser lors de la mise en place réelle.

En plus de ces deux outils, il est possible d'utiliser :

1. Tableaux détaillés pour documenter les nouvelles procédures.

2. Les diagrammes de Gantt et l'étude arborescente pour la planification.

3. Des outils de mesure de la planification et de l'analyse de données pour identifier les données à collecter et la manière de les analyser pour déterminer si les changements effectués ont les effets désirés ou non.

4.1 L'analyse du champs des forces

Cet outil est utilisé pour aider activement une équipe à renforcer les solutions, neutraliser les facteurs limitant les changements et mettre à l'écart les obstacles empêchant les améliorations.

Son utilisation se fait en suivant les étapes suivantes :

1. Classifier dans un tableau les forces motrices qui renforcent les améliorations et les forces contraignantes qui freinent les améliorations. Une «force» peut être de différente nature : une tendance du marché, des besoins insatisfaits chez les clients, un manager ou un exécutif avec une forte opinion, besoin d'achat de nouveaux équipements, objectifs stratégiques de l'entreprise, objectifs de qualité, etc.

2. Analyser les possibilités de renforcer le support aux forces motrices. Exemple : En répondant aux exigences d'un client prioritaire, ou en informant les cadres que la solution pourrait faciliter la réalisation d'un objectif stratégique de l'entreprise.

3. Classer les forces contraignantes de la manière suivante (1) Blocages: Contraintes bloquant complètement les solutions (exemples : réglementations, politiques, lois). (2) Contraintes limitant l'impact des solutions. (3) Illusions : Hypothèses non testées ou résistances potentielles/envisagées (exemple : « ce n'est pas la manière avec laquelle nous avons procédé par le passé »).

4. Déterminer les actions de neutralisation qu'il est possible d'incorporer dans le plan d'action lors de la mise en place. Par exemple, les blocages peuvent être contournés par la modification des politiques et des réglementations. Les contraintes peuvent être franchies par la recherche d'approches alternatives qui utilisent le minimum de ressources (de capital et de temps).

L'exemple suivant montre un exemple d'analyse de champs de forces pour une mesure d'amélioration impliquant l'acquisition d'une nouvelle machine.

LES FORCES MOTRICES	LES CONTRAINTES
• Capacité à produire plus de variétés • Capacité à traiter plus de volumes • Meilleure qualité • Deux compétiteurs ont déjà acquis cette machine • Moins de coûts par unité produite	• Equipement coûteux (contrainte) • Le contrat avec le fournisseur de la machine actuelle empêche un partenariat avec un autre fournisseur (blocage) • Il faut se former à l'opération de la nouvelle machine (Illusion) • Fiabilité non prouvée (Illusion)

4.2 Rapport du test pilote

Cet outil permet de réunir et compiler les conclusions utiles obtenues à l'issue du test-pilote.

Un bon test-pilote dont les résultats peuvent être considérés comme fiables, utilisables lors de la mise en place, doit satisfaire deux conditions: (1) Les méthodes définies ont été suivies, (2) les résultats désirés ont été obtenus.

En essayant d'évaluer ces deux conditions. L'équipe Six Sigma fera face à quatre situations comme le montre la figure suivante :

Avons- nous suivi les procédures définies ?

	Oui	Non
Oui		
Non		

Avons-nous obtenu les résultats espérés ?

Procédure pour construire le rapport du test du pilote

Ces quatre situations sont :

1. Procédures suivies, résultats positifs : les méthodes décrites sont efficaces. Passer à l'étape suivante (la mise en œuvre à l'échelle réelle).

2. Procédures suivies, résultats négatifs : les nouvelles méthodes ne résolvent pas le problème. Reprendre les idées de solutions et chercher à améliorer les solutions ou trouver de nouvelles. Tester à nouveau.

3. Procédures non suivies, résultats positifs : Des actions à effet positif ont été effectuées et celles-ci étaient différentes de ce qui a été prévu. Passer au crible toutes les actions effectuées, et élaborer des procédures révisées. Tester à nouveau.

4. Procédures non suivies, résultats négatifs : identifier les raisons pour lesquelles le protocole d'action n'a pas été suivi. Les méthodes étaient-elles claires ? Les opérateurs avaient-ils conscience de l'importance des nouvelles méthodes testées ? Développer un plan d'action révisé afin d'assurer que les procédures seront suivies. Tester à nouveau.

Chapitre 6: PHASE DE CONTROLE

Le chapitre précédent était dédié à la phase d'amélioration de la démarche Six Sigma. Cette section est dédiée à la dernière phase de cette démarche. Il s'agit de la phase de contrôle. L'objectif est que les améliorations réalisées lors des phases précédentes, soient préservées et maintenues sur le long terme.

La phase contrôle se compose des deux points suivants :

- Suivi de la performance du processus.

- Gestion de l'amélioration continue.

L'objectif des sections suivantes est de présenter ces deux points ainsi que les outils associés :

1. Suivi de la performance du processus

Une fois le processus stabilisé, il devient nécessaire de consolider les gains de performance réalisés grâce au projet Six Sigma en suivant en continu la performance du processus.

Le suivi de la performance se fait à deux niveau de l'organisation:

- Niveau local: A ce niveau, ce sont les personnes qui gèrent quotidiennement le processus et qui le connaissent le mieux, qui prennent la responsabilité du suivi de performance en utilisant des outils comme les diagrammes de contrôle. Ce sont aussi ces personnes qui doivent documenter le processus et mettre à jour les procédures des opérations suites aux améliorations Six Sigma.

- Niveau global: A ce niveau, performance du processus est vérifiée d'une manière plus globale en partant des requis des clients et en mettant en place des indicateurs qui signalent si le processus est en train de se comporter d'une manière anormale.

Deux outils essentiels sont à utiliser pour permettre le contrôle du processus:

1.1 Les diagrammes de contrôle

Ces diagrammes sont utiliser pour vérifier le bon comportement du processus à partir des indicateurs de performance mesurés régulièrement. Ils permettent de détecter tout comportement anormal du processus et aident dans la détermination de la source de variation.

Il existe plusieurs types de diagrammes de contrôle, cependant, la plupart contiennent les éléments suivants :

- Les données dessinées dans un ordre chronologique : Elles peuvent être continues ou discrètes. Chaque point peut représenter un point de mesure individuel (Exemple : le temps nécessaire pour l'envoi d'une facture) ou le résultat d'un calcul utilisant plusieurs points (Exemple : la moyenne du temps nécessaire pour l'envoi des factures calculée sur une semaine).

- Une ligne centrale qui est généralement la moyenne.

- Les limites de contrôle ou limites de tolérance (USL et LSL) : représentées par deux droites horizontales, elles expriment la capacité du processus à répondre aux requis des clients.

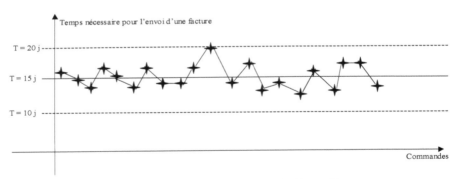

Exemple d'un Diagramme de Contrôle

À noter : Généralement, une application informatique est utilisée pour créer automatiquement les diagrammes de contrôle. Cependant, afin de se familiariser avec ce type de diagrammes, il est conseillé d'en construire quelques-uns manuellement. L'avantage avec des diagrammes dessinés manuellement est que les opérateurs peuvent les mettre à jour sur le champ par l'ajout de nouveaux points sans aucune intervention des ingénieurs. De plus, cela permet une réaction rapide aux problèmes dès qu'ils apparaissent. Les diagrammes sont analysés sur le champ, et les ingénieurs sont informés dès qu'il y a un comportement anormal ou suspect.

1.2   Les tableaux de bord

Si les diagrammes de contrôle sont dédiés au contrôle du processus à un niveau local, les tableaux de bord sont des outils de contrôle à un niveau global.

Les tableaux de bord sont généralement utilisés pas les hauts cadres des entreprises pour avoir une idée sur la situation financière de l'entreprise en quasi temps réel. Le principe est similaire ici : quelques indicateurs qui prennent en considération les aspects opérationnels les plus importants du processus sont identifiés et suivi en quasi temps réel.

Un tableau de bord du processus permet ainsi de mettre sur la même page les paramètres essentiels à la performance processus (qualité des entrées, délais des transformations internes au processus, qualité des sorties, coûts...).

Voici la démarche à suivre pour construire un tableau de bord d'un processus :

- Identifier les niveaux importants auxquels il faut effectuer le contrôle et le suivi (utiliser le diagramme haut niveau de la phase de définition).

- A chaque niveau, identifier les paramètres à mesurer (entrées, produits intermédiaires, sorties). Développer des plans pour la collecte des données et choisir comment les mesures peuvent être visualisées (diagrammes, graphes...).

- Identifier les objectifs de performance demandés par le client (taux de défauts, cycle de production...).

- Développer des procédures pour maintenir le tableau de bord : comment alimenter régulièrement le tableau avec les données ? Avec quelle fréquence et par qui ? Où afficher le tableau de bord ?

- Mettre en place des procédures pour exploiter d'une manière efficace le tableau de bord dans l'amélioration du processus : comment il devra être utilisé (analyse à chaque semaine lors d'une réunion…) et comment réagir en cas d'alarmes sur le tableau.

La figure suivante montre un exemple de diagramme de contrôle :

Cette démarche est illustrée dans le schéma suivant :

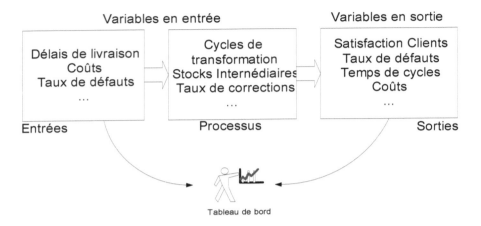

Alimentation du Tableau de Bord d'un Processus

2. Gestion de la performance du processus

2.1 Mesure continue de la performance

Lors de la phase de mesure, des mesures (taux de défaut, délais de livraison…) ont été établies afin d'identifier les origines et les causes des problèmes. Dans cette phase de contrôle, des mesures doivent être établies afin de suivre de près le processus dans le temps. Pour parvenir à la définition des indicateurs pertinents pour la performance, il est nécessaire de se concentrer sur les points suivants :

- Les requis du client. La performance des sorties du processus doit être mesurée par rapport aux requis des clients.

- Analyser les indicateurs des processus amonts qui ont des impacts sur les améliorations effectuées. Ces indicateurs permettent de prédire les problèmes en amont du processus..

Exemple : Si le délai de livraison est un des requis du client final, et si les mesures montrent qu'une étape critique en amont du processus est en train de prendre de plus en plus de retard, l'équipe Six Sigma doit prendre des mesures pour corriger cette étape avant que les retards ne se répercutent sur la sortie (retard de livraison et donc défaut).

- Les indicateurs de performance pour les entrées du processus : Cela permet de prédire la qualité des sorties intermédiaires du processus et la qualité des sorties finales.

Une fois la liste définitive des indicateurs établie, elle devient la base pour le contrôle du processus. La fréquence du contrôle est choisie par le manager du processus (base journalière, base mensuelle...).

2.2 Analyse de la performance

Une fois la construction des diagrammes effectuée, l'étape suivante consiste à les interpréter. Les opérateurs doivent apprendre à détecter tout comportement anormal dans les diagrammes.

Le tableau suivant montre quelques exemples de comportements anormaux et les actions à prendre pour résoudre les problèmes associés :

- La courbe montre une tendance.
- Quelque chose a changé dans le processus causant des croissances ou des diminutions soutenues.
- **Action :** Chercher ce qui a changé dans le processus au moment où un peu avant que la tendance ne soit apparue. Rechercher les changements dans les matériaux, les procédures et les produits qui ont subi un changement.

- La courbe montre un groupe de points anormaux avant de redevenir stochastique.
- Quelque chose était présent dans le processus lors de l'apparition des points anormaux qui n'était pas présent le reste du temps.
- **Action :** Chercher ce qui était différent pendant la période où le groupe des points est apparu. Chercher des changements dans les matériaux, les procédures, les produits en sortie.

- La courbe montre un comportement en dents de scie.
- Ce comportement apparaît quand il y a une différence systématique entre "comment" les unités (matériaux, produits...) progressent à travers le processus. Par exemple la différence liée à deux opérateurs effectuant les tâches différemment.
- **Action :** Rechercher la différence entre les points hauts et les points bas.

- Un ou plusieurs points en dehors des limites de contrôle.
- Une cause spéciale de variation est apparue et qui a conduit à une déviation substantielle de la moyenne.
- **Action :** Chercher ce qui a été différent dans le processus au moment où les points en dehors des limites de contrôle ont été générés.

Comportements anormaux et actions d'analyse associées

2.3   Gestion des déviations

Un plan de gestion de processus permet de se lancer dans une démarche d'amélioration continue. En effet, même un très bon processus ne présentant aucun problème maintenant peut subir des problèmes dans le futur. Il est donc nécessaire d'avoir des signaux d'alerte et des actions de réponse dans l'éventualité où des problèmes apparaissent.

Un plan de gestion de processus couvre les points suivants :

Il s'agit de mettre en place des alertes qui changent d'état dès que quelque chose d'anormal apparaît dans le processus. Ces alertes peuvent avoir pour objet les entrées du processus, ses caractéristiques internes et ses sorties.

Les seuils des alertes sont choisis de façon à laisser suffisamment de temps pour réagir au responsable du processus. Ce dernier doit savoir quelles sont exactement les actions de correction à prendre et quand les prendre.

Exemple : Chez Toyota, la zone de correction et de réparation à la fin de la chaîne d'assemblage des véhicules est intentionnellement limitée en espace et ne peut contenir que huit véhicules à la fois. Quand la zone est remplie, cela constitue en soi une alarme qui signale qu'il y a un problème grave au niveau la chaîne d'assemblage et déclenche des actions de réponse telles que l'arrêt de la chaîne d'assemblage par exemple.

2.4   Le plan de réponse du processus

Le plan de réponse du processus fournit les mesures de mitigation (ou encore mesures temporaires) qui sont mises en place dès que les alarmes indiquent que le processus subit un problème. Ces mesures temporaires (par opposition aux actions de résolution permanentes) permettent de :

- Fournir de hauts niveaux de qualité au client final malgré les problèmes subis par le processus.

- Minimiser les dégâts créés par des problèmes non anticipés en fournissant des actions et des réponses immédiates.

A noter : La documentation des solutions temporaires est essentielle puisqu'elle permet aux opérateurs de mettre en place ces solutions dans des délais très courts (sans improvisation).

Voici la démarche à suivre pour construire un plan de réponse du processus :

- Clarifier le problème ou l'ensemble des problèmes qui sont couverts par le plan de réponse sous-jacent.

- Se concentrer sur le problème identifié en prenant les mesures suivantes :

- Les mesures de mitigation : ce que les opérateurs doivent faire en premier lieu quand ils remarquent un problème pour éviter qu'il n'affecte les clients finaux du processus.
- Ajuster le processus pour éliminer le problème.
- Analyser l'efficacité des ajustements effectués en analysant les graphes et les diagrammes de contrôle.
- Utiliser les leçons apprises avec l'incident pour l'amélioration continue et la résolution permanente du problème.

- Assigner les responsabilités pour chaque action de réponse.

Plan de Réponse			
Plan de réponse pour : Pannes machines			
Limitation des dommages	Ajustement du processus	Analyse de l'efficacité	Amélioration Continue
• Utilisation des stocks de sécurité • Passage en mode manuel. • Envoi de la machine au fournisseur pour réparation	• Mise en place de la machine de réserve du fournisseur • Paramétrage de la machine pour le produit sous-jacent, vitesse...	• Analyse des diagrammes de contrôle de la machine et du processus globale.	• Etudier avec le fournisseur la cause de la panne. • Mettre en place des changements de design sur la machine pour éviter la répétition de la panne

Exemple de Plan de Réponse

Chapitre 7 : Conception pour le Six Sigma

Le DFSS (Design for Six Sigma) est né du fait que le cadre traditionnel de la mise en place du Six Sigma (DMAAC) est un cadre qui cherche à améliorer les processus existants, alors que dans certains cas, l'industriel a l'opportunité de concevoir ou de re-concevoir le produit et les processus de fabrication et d'assemblage associés en partant de zéro. Il pourrait en conséquence optimiser les processus d'une manière plus radicale et plus globale.

Afin d'avoir des niveaux de qualité du niveau Six Sigma (moins de 3,4 défauts par million d'opportunités) dès le lancement du produit, il est nécessaire que les attentes des clients et leurs requis (les aspects du produit ou du service qui sont critiques à la qualité) soient compris et pris en compte avant qu'une conception ne soit mise en production.

1.   Les étapes de mise en place

- Un des cadres utilisé pour mettre en place le DFSS est appelé le DMADV, nommé dans la lignée du cadre DMAAC. DMADV est l'abréviation des cinq étapes suivantes : Définir, Mesurer, Analyser, Designer et Vérifier. La figure suivante montre la relation entre le cadre DMAAC et le cadre DMADV :.

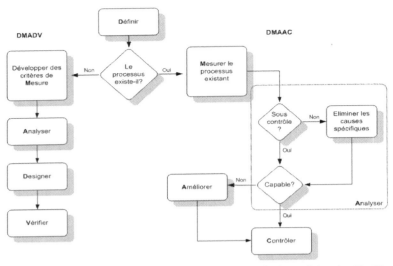

Relations entre les cadres DMAAC et DMADV de la méthode Six Sigma

Voici une petite description des étapes du cadre DMADV :

Définir : Dans cette première étape, il est nécessaire de définir les objectifs de conception pour le produit/ service et pour les processus de transformation. Il est nécessaire de définir les requis des clients et les requis des parties prenantes internes à l'entreprise.

Mesurer : Dans cette phase, les paramètres critiques à la qualité du produit/ service sont établis et évalués d'une manière quantitative. Des comparaisons avec la concurrence et ce qui se fait dans l'industrie doivent montrer le « gap » entre ce qui peut se faire et la cible.

Analyser : Dans cette étape, les différentes conceptions possibles sont analysées, en termes de leur capacité à répondre aux requis des clients, de faisabilité technique, de coûts, et de robustesse. Ces options sont ensuite comparées dans la phase de conception (phase suivante).

Concevoir : Dans cette étape, les processus de transformation qui permettent de créer le produit ou le service demandés par les clients sont spécifiés. Les spécifications doivent être suffisamment détaillées pour permettre la mise en production de ces processus. C'est aussi dans cette phase, qu'un plan de mise en place et de déploiement est préparé.

Vérifier : Une fois une conception a été choisie, elle doit être vérifiée. La vérification se fait habituellement par des tests-pilotes ou par des simulations de Monte-Carlo. Pendant qu'une conception est vérifiée, il est possible de commencer la préparation la mise en production des processus de transformation.

REFERENCES

1. Six Sigma quality control and design, James O. Westgard, 2001

2. Six SIgma black belts: What do they need to know?, Roger W. Hoerl, 2001

3. Process reliability and Six Sigma, Paul Barringer, 2000

4. What is Six Sigma, The roadmap to customer impact, GE, undated document

5. The Six Sigma Revolution, Thomas Pyzdeck, 2000

6. Six Sigma and introductory statistics education, John Maleyeff and Frank C. Kaminsky, 2002

7. Six Sigma Is no longer enough, Reuters, 2004

8. Six Sigma and Beyond: Why Six Sigma Is Not TQM. Pyzdek Thomas, 2001

9. Designing for Six Sigma Capability, Harrold Dave, 1999

10. The Enigma of Six Sigma, Lahiri Jaideep, 1999

11. Produire vraiment sans gaspiller, Salim Bouzekouk, 2002

12. Six Sigma: Passing Fad or a Sign of Things to Come? Stanley Marash, 1999

13. Improving Performance Through Statistical Thinking, ASQ Statistics Division. 2000

14. Enabling Broad Application of Statistical Thinking, Quality & Productivity Section, American Statistical Association, 2001.

© Prodinnova, 2007
ISBN : 978-2-917260-00-5
Dépôt légal : Décembre 2007

Printed in Great Britain
by Amazon